Kanji Kachhot
Pravin Bhola

Práticas industriais gerais

Kanji Kachhot
Pravin Bhola

Práticas industriais gerais

Formação industrial para caloiros

ScienciaScripts

Cover image: www.ingimage.com

This book is a translation from the original published under ISBN 978-620-7-46683-2.

Publisher:
Sciencia Scripts
is a trademark of
Dodo Books Indian Ocean Ltd. and OmniScriptum S.R.L publishing group

120 High Road, East Finchley, London, N2 9ED, United Kingdom
Str. Armeneasca 28/1, office 1, Chisinau MD-2012, Republic of Moldova, Europe
Printed at: see last page
ISBN: 978-620-7-77134-9

Índice:

Capítulo – 1 Em geral

Introdução

1.1 SEGURANÇA INFORMAÇÃO

1.2.1 Fogo :

Maioria orgânico solventes são inflamável ou altamente inflamável, dependendo sobre deles volatilidade. Exceções são alguns clorado solventes como diclorometano e clorofórmio. Misturas de vapores de solventes e ar podem explodir. Os vapores do solvente são mais pesados do que o ar; eles irão afundar e podem viajar grandes distâncias quase sem diluir. Vapores de solvente também podem ser encontrados em tambores e latas supostamente vazios, causando um flash risco de incêndio; portanto, os recipientes vazios de solventes voláteis devem ser armazenados abertos e parte de cima abaixo.

Tanto dietil éter e carbono dissulfeto tem excepcionalmente automático baixo ignição temperaturas que aumentar muito o fogo risco associado com esses solventes. O temperatura de autoignição do dissulfeto de carbono está abaixo de 100 °C (212 °F), então objetos como como tubos de vapor, lâmpadas, placas de aquecimento e queimadores de Bunsen recentemente extintos são capazespara acender isso é vapor.

Além disso, alguns solventes, como o metanol, podem queimar com uma chama muito quente, o que pode ser quase invisível sob algumas condições de iluminação. Isto pode atrasar ou impedir a oportuna reconhecimento de a perigoso fogo, até chamas espalhar para outro materiais.

1.2.2 Explosivo peróxido formação :

Éteres como éter dietílico e tetrahidrofurano (THF) podem formar substâncias orgânicas altamente explosivas. peróxidos após exposição ao oxigênio e à luz. O THF é normalmente mais propenso a formar taisperóxidos do que éter dietílico. Um dos solventes mais suscetíveis é o éter diisopropílico, mas todos éteres são considerado para ser potencial peróxido fontes.

O heteroátomo (oxigênio) estabiliza a formação de um radical livre que é formado por a abstração de um átomo de hidrogênio por outro radical livre. O livre centrado no carbono radical por isso formado é capaz para reagir com um oxigênio molécula para forma a peróxidocomposto. O processo de peróxido formação é muito acelerado por exposição paraaté baixo níveis de leve, mas pode Continuar lentamente, mesmo em escuro condições.

A menos que um dessecante é usado qual pode destruir o peróxidos, eles vai concentrado durante a destilação, devido ao seu ponto de ebulição mais elevado. Quando peróxidos suficientes tiverem formados, eles podem formar um precipitado sólido cristalino e sensível ao choque na boca de um recipiente ou garrafa. Pequenos distúrbios mecânicos, como raspagem do interior de um recipiente ou o desalojamento de um depósito, apenas torcer a tampa pode fornecer energia para o peróxido explodir ou detonar. A formação de peróxido não é um fator significativo problema quando fresco solventes são usado acima rapidamente; eles são mais de a problema em laboratórios qual poderia pegar anos para terminar a solteiro garrafa. Volume baixo Usuários deve

adquirir apenas pequenas quantidades de solventes propensos a peróxidos e descartar solventes antigos em umregular periódico agendar.

Para evitar a formação explosiva de peróxido, os éteres devem ser armazenados num recipiente hermético, ausente da luz, porque ambos luz e lata de ar encorajar formação de peróxido.

Vários testes podem ser usados para detectar a presença de um peróxido em um éter; um é use um combinação de sulfato de ferro (II) e tiocianato de potássio. O peróxido é capaz para oxidar o Fe^{2+} íon para um Fe^{3+} íon, qual então formulários a coordenação vermelho escuro complexo com o tiocianato.

Peróxidos poderia ser removido por lavando com ácido ferro (II) sulfato, filtragem através de alumina ou destilação de sódio/benzofenona. O alumínio não destrói o peróxidos mas apenas armadilhas eles e deve ser descartado de apropriadamente. O vantagemde usando sódio/benzofenona é que umidade e oxigênio estão removidos também .

1.2.3 Segurança Treinamento

Segurança Equipamentos:-

1. Face escudo
2. Segurança capacete
3. Cartucho respirador
4. Segurança Google
5. Avental
6. Fornecido ar terno
7. Fornecido ar respirando mascarar
8. Fogo retardador terno

(1) FACE SHILD:-

proteção facial contra objetos e derramamento deprodutos químicos, quente água clarão etc…

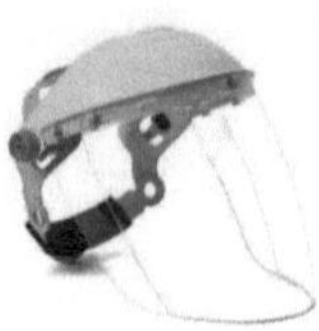

(2) SEGURANÇA CAPACETE:-

Para proteger a cabeça de objeto, químico pó, aquecer etc…

(3) CATRIGO RESPIRADOR: - Para proteger de químico pó, vapores no

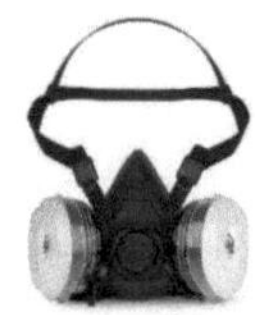

baixo concentração.

(4) SEGURANÇA ÓCULOS:-

Caindo de objetos, pó, químico, gases, estrangeiro objetos

(5) AVENTAL:-

Frente corpo proteção de todos produtos químicos derramamento.

(6) AR DE FORNECIMENTO TERNO:-

Completo corpo proteção de todos produtos químicos entornos.

(7) FORNECER AR RESPIRANDO MASCARAR:-

Para proteger de tóxico e corrosivos gases no médio concentraçãoem um fixo são

(8) FOGO RETARDANTE TERNO: - Para andar em menor incêndios enquanto resgatar

Operação .

1.2 Resíduos

1) Perigoso material oeste

- Borracha septo, Alumínio frustrar
- Ependorf

- TLC placa
- Vidro capilar
- Frasco metal selo cápsulas
- Frasco septos
- Algodão químico contaminado
- Borracha látex tubo
- Metal / plástico tampas
- Embalagem oeste contaminado
- Borracha - látex tubo
-

2) Em geral oeste

- Plástico invólucros de seringa
- Pára filme
- Embalagem materiais
- Plástico invólucros
- Teflon

3) Afiado oeste

- Agulha
- Seringa
- Agulha boné

4) Quebrado artigos de vidro material

5) Borracha luvas

6) Solvente oeste material

Capítulo - 2

MATERIAL E MÉTODO

2.1 Camada fina cromatografia

A cromatografia em camada fina (TLC) é uma técnica de cromatografia usada para separar misturas não voláteis. A cromatografia em camada fina é realizada em um folha de vidro, plástico, ou alumínio frustrar, qual é coberto com a afinar camada de material adsorvente , geralmente sílica gel , óxido de alumínio (alumina) ou celulose . Esta camada de adsorvente é conhecido como o estacionário Estágio .

Depois o amostra tem estive aplicado sobre o placa, um solvente ou solvente A mistura (conhecida como fase móvel) é transportada para a placa por ação capilar. Como diferentes analitos sobem pela placa de TLC em taxas diferentes, a separação é alcançou. O móvel Estágio tem diferente propriedades de o estacionário Estágio.Por exemplo, com sílica gel, um produto muito substância polar, fases móveis não polares como o heptano são usados. A fase móvel pode ser uma mistura, permitindo aos químicos para ajustar o propriedades agregadas de o celular Estágio.

Após o experimento, as manchas são visualizadas. Muitas vezes isso pode ser feito simplesmentepor projetando ultravioleta luz para o folha; o folhas são tratado comum fósforo, e manchas escuras aparecem na folha onde os compostos absorvem a luzafetando uma determinada área. Processos químicos também podem ser usados para visualizar pontos; o anisaldeído, por exemplo, forma adutos coloridos com muitos compostos, e ácido sulfúrico irá char maioria orgânico compostos, saindo a escuro ver sobre o folha.

Para quantificar o resultados, o distância viajei por o substância serconsiderado é dividido pela distância total percorrida pela fase móvel. (O a fase móvel não deve atingir o final da fase estacionária.) razão é chamada de fator de retardo (Rf). Em geral, uma substância cuja estrutura se assemelha à fase estacionária terá baixo R_f, enquanto aquela que tem uma fase semelhante estrutura para o móvel Estágio vai ter alto retardo fator. Retardo fatores são característicos, mas mudarão dependendo da condição exata do fase móvel e estacionária. Por esta razão, os químicos geralmente aplicam uma amostra de um composto conhecido na folha antes correndo o experimentar.

Camada fina cromatografia pode ser usado para monitor o progresso de a reação, identificar compostos presentes em uma determinada mistura e determinar a purezade a substância. Específico exemplos de esses formulários incluir: analisando ceramidas e gordinho ácidos, detecção de pesticidas ou inseticidas em alimentos e água, analisando a composição corante das fibras em medicina forense, testando a pureza radioquímica de radiofármacos, ou identificação de medicamentos plantas e seus constituintes.

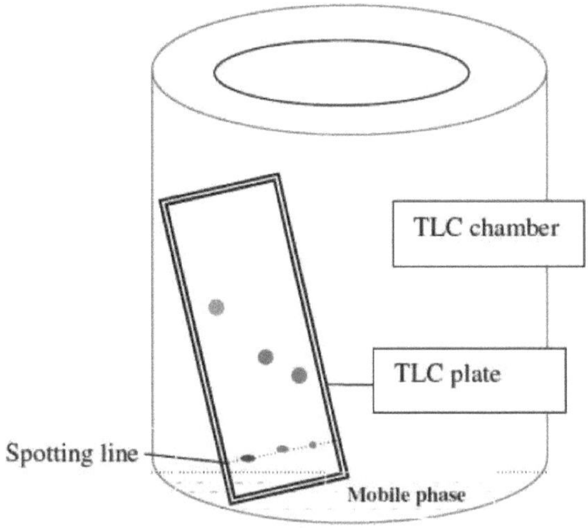

Uma série de melhorias podem ser feitas no método original para automatizaras diferentes etapas, para aumentar a resolução alcançada com TLC e permitir análise quantitativa mais precisa. Este método é conhecido como HPTLC ou "TLC de alto desempenho". HPTLC normalmente usa camadas mais finas de material estacionário Estágio e menor amostra volumes, reduzindo assim o perda de resolução
para difusão .

2.1.1 Preparação da placa

As placas TLC estão geralmente disponíveis comercialmente, com tamanho de partícula padrão intervalos para melhorar a reprodutibilidade. Eles são preparados misturando o adsorvente, tal como sílica gel , com a pequeno quantia de ligante inerte como cálcio sulfato (gesso) e água. Esse mistura é espalhar como espesso pasta sobre um não reativo operadora folha, geralmente vidro , espesso alumínio frustrar, ou plástico. O resultante placa é seco e *ativado* por aquecimento em um forno para trinta minutos às 110 °C. O grossura de o absorvente camada é tipicamente em volta 0,1 – 0,25 milímetros para analítico propósitos e cerca de 0,5 – 2,0 milímetros para preparativo TLC.

2.1.2 Técnica

O processo é semelhante à cromatografia em papel com a vantagem de execuções mais rápidas, melhores separações e a escolha entre diferentes fases estacionárias. Devido à sua simplicidade e velocidade, a TLC é frequentemente usada para monitorar produtos químicos. reações e para o qualitativo análise de reação produtos. Pratos pode ser rotulado antes ou depois o cromatografia processo usando a lápis ou outro implementar isso vai não interferir ou reagir com o processo.

Para correr a afinar camada cromatografia placa, o seguindo procedimento é carregou
fora

- Usando um capilar, uma pequena mancha de solução contendo a amostra é aplicada a um placa, cerca de 1,5 centímetros da borda inferior. O solvente é deixado evapore completamente para evitar que interfira nas interações da amostra com a fase móvel na próxima etapa. Se um solvente não volátil foi usado para aplicara amostra, a placa precisa ser seca em uma câmara de vácuo. Este passo é frequentemente repetido para garantir lá é suficiente analito no o iniciando ver sobre o placa para obter um resultado visível. Diferentes amostras podem ser colocadas em uma fileira de pontos da mesma distância da borda inferior, cada um dos quais se moverá em sua própria faixa adjacente a partir do seu próprio ponto de partida Uma pequena quantidade de um solvente (eluente) apropriado é derramado em um copo de vidro ou qualquer outro recipiente transparente adequado (separação câmara) a uma profundidade inferior a 1 centímetro. Uma tira de papel de filtro (também conhecido como "pavio") é colocado na câmara de modo que seu fundo toque o solvente e o papel fique sobre parede da câmara e atinge quase o topo do recipiente. O recipiente é fechado com lamínula de vidro ou qualquer outra tampa e deixado por alguns minutos para que o solvente vapores subir o filtro papel e saturar o ar em o câmara. (Falha para saturar o câmara vai resultado em pobre separação e não- reproduzível resultados).

- A placa TLC é então colocada na câmara de modo que o(s) ponto(s) da amostra fazer não tocar o superfície de o eluente em o câmara, e o tampa é fechado.

O solvente sobe pela placa por ação capilar, encontra a mistura da amostra e carrega-o pela placa (elua a amostra). A placa deve ser removida do câmara antes o solvente frente alcança o principal de o estacionário Estágio (continuação de o eluição irá dar a resultado enganoso) e seco.

Sem demora, a frente do solvente, a extensão mais distante do solvente na placa, émarcado.

- O placa é visualizado. Como alguns pratos são pré-revestido com a fósforo tal como sulfeto de zinco, permitindo que muitos compostos sejam visualizados usando ultravioletaluz; manchas escuras aparecem onde os compostos bloqueiam a luz UV de atingir o prato. Alternativamente, as placas podem ser pulverizadas ou imersas em produtos químicos após eluição. Vários visualizando agentes reagir com o pontos para produzir visível resultados.

2.1.3 Separação Processo e Princípio

Diferente compostos em o amostra mistura viagem no diferente cotações devido parao diferenças em deles atração para o estacionário Estágio e porque de diferenças na solubilidade no solvente. Mudando o solvente, ou talvez usando a mistura, o separação de componentes (medido por o RF_{valor}) pode ser ajustado. Além disso, a separação obtida com uma placa TLC pode ser usada para estimar a separação de uma coluna de cromatografia flash . (Um composto elui de um coluna quando a quantidade de solvente coletada é igual a $1/R_f$.) Os químicos costumam usarTLC para desenvolver um protocolo para separação por cromatografia e usar TLC para determinar quais frações contêm o compostos desejados.

A separação de compostos é baseada na competição do soluto e do fase móvel para locais de ligação na fase estacionária. Por exemplo, se normal- A fase de sílica gel é usada como fase estacionária, pode ser considerada polar. Dado dois compostos que diferem em polaridade, o composto mais polar tem uma força mais forte interação com a sílica e é, portanto, mais capaz de deslocar o móvel Estágio de o disponível vinculativo sites. Como a consequência, o menos polar composto se move mais alto acima o placa (resultando em um mais alto Valor de *Rf*).

Se o móvel Estágio é mudado para a mais polar solvente ou mistura de solventes, torna-se melhor na ligação à placa polar e, portanto, deslocando solutos de isto, então todos compostos em o TLC placa vai mover mais alto acima o placa.

Costuma-se dizer que solventes (eluentes) "fortes" empurram os compostos analisados acima o placa, enquanto "fraco" eluentes por muito pouco mover eles. O ordem de Força Fraqueza depende sobre o Revestimento (estacionário Estágio) de o TLC placa. Para placas de TLC revestidas com sílica gel, a resistência do eluente aumenta da seguinte forma ordem: perfluoroalcano (mais fraco), hexano , pentano , carbono tetracloreto , benzeno/ tolueno , diclorometano, dietil éter , etil acetato , acetonitrila , acetona , 2-propanol / *n* - butanol , água , metanol , trietilamina , acético ácido , fórmico ácido (mais forte). Para placas revestidas com C18 a ordem é inversa. Em outras palavras, quando o estacionário fase é polar e a fase móvel é apolar, o método é *de fase normal* como oposição para *fase reversa* . Esse significa que se a mistura de etilo acetato ehexano como o móvel Estágio é usado, adicionando mais etilo acetato resultados em valores de *Rf* mais elevados para todos os compostos na placa TLC. Mudando a polaridade do móvel Estágio vai normalmente não resultado em invertido ordem de correndo de o compostos na placa TLC. Uma série eluotrópica pode ser usada como guia em selecionando uma fase móvel. Se uma ordem inversa de funcionamento dos compostos for desejado, um a polar estacionário Estágio deve ser usado, tal como Funcionalizado com C18

2.1.4 Formulários

- ## Caracterização

Na química orgânica, as reações são monitoradas qualitativamente com TLC. Pontos amostrados com um tubo capilar são colocados na placa: um ponto de material de partida, ummancha da mistura de reação e uma mancha cruzada com ambos. Um pequeno (3 por 7 cm) A placa TLC leva alguns minutos para funcionar. A análise é qualitativa e mostrar se o material de partida desapareceu, ou seja, a reação está completa, se houver produto apareceu e quantos produtos são gerados (embora isso possa ser subestimado devido à co-eluição). Infelizmente, os TLCs de baixas temperaturas reações podem dar resultados enganosos, porque a amostra é aquecida até a temperatura ambiente temperatura no capilar, o que pode alterar a reação - a amostra aquecida analisado por TLC não é o mesmo que está no frasco de baixa temperatura. Um tal reação é o DIBALH redução de éster em aldeído.

Em um estudo, a TLC foi aplicada na triagem de reações orgânicas, por exemplo no ajuste fino da síntese BINAP a partir de 2-naftol. Neste método, o álcool e catalisador solução (para instância ferro (III) cloreto) são colocada separadamente sobre o base linha, então reagiu, e então analisado instantaneamente.

A especial aplicativo de TLC é em o caracterização de radiomarcador compostos, onde é usado para determinar a pureza radioquímica. A folha TLC é visualizado usando a folha de fotográfico filme ou um instrumento capaz de medir a radioatividade. Também pode ser visualizado por outros meios. Esse método é muito mais sensível que os outros e pode ser usado para detectar um quantidade extremamente pequena de um composto, desde que carregue um elemento radioativo átomo.

- **Isolamento**

Como diferentes compostos percorrerão distâncias diferentes no estado estacionário fase, a cromatografia pode ser usada para isolar componentes de uma mistura para posterioranálise. Os compostos separados ocupando cada um uma área específica na placa, eles podem ser raspados (junto com as partículas da fase estacionária) e dissolvidos em um apropriado solvente. Como um exemplo, em o cromatografia de um extrair de verde plantar material (para exemplo espinafre) mostrando em 7 estágios de desenvolvimento, Caroteno elui rapidamente e é apenas visível até etapa
2. Clorofila A e B são a meio caminho em o final etapa e luteína o primeiro coloração do composto amarelo. Terminada a cromatografia, o caroteno pode ser removido de o placa, extraído em a solvente e colocada em um espectrofotômetro para determinar seu espectro. As quantidades extraídas são pequenas e uma técnica como a cromatografia em coluna é preferida para separar quantidades.

2.2 Coluna cromatografia

Coluna cromatografia em química é um método de cromatografia usado para isolar um único composto químico de uma mistura. Cromatografia é capaz de separar substâncias com base na adsorção diferencial de compostos ao adsorvente; compostos se movem através da coluna em taxas diferentes, permitindo-lhes para ser separado em frações. O técnica é largamente aplicável, como muitos diferente adsorventes (normal fase, invertida fase, ou de outra forma) pode ser usado com a largo faixa de solventes. O técnica pode ser usado sobre escalas de microgramas até quilogramas. A principal vantagem da cromatografia em coluna é o relativamente baixo custo e descartabilidade de o estacionário fase usada em o processo. Este último evita a contaminação cruzada e a degradação da fase estacionária devido à reciclagem. A cromatografia em coluna pode ser feita usando a gravidade para mover o solvente, ou usando compactado gás para empurrar o solvente através o coluna.

Um cromatógrafo de camada fina pode mostrar como uma mistura de compostos se comportará quando purificado por cromatografia em coluna. A separação é a primeira otimizado usando camada fina cromatografia antes atuando colunacromatografia.

2.2.1 Coluna preparação

A coluna é preparado por embalagem a sólido absorvente em a vidro cilíndrico ou tubo de plástico. O tamanho dependerá da quantidade de composto sendo isolado. A base do tubo contém um filtro, seja um tampão de algodão ou lã de vidro, ou frita de vidro para manter a fase sólida no lugar. A reservatório de solvente poderia ser anexado no principal de o coluna.

Dois métodos são geralmente costumava ser prepare uma coluna: O seco método e o método úmido. Para o método seco, a coluna é primeiro preenchida com seco estacionário pó de fase, seguido por o adição de móvel fase, que é lavada através da coluna até que esteja completamente molhada, e a partir deste ponto nunca é permitido secar. Para o método úmido, a pasta é preparado do eluente com o pó da fase estacionária e depois cuidadosamente derramado na coluna. O topo da sílica deve ser plano e o topo da a sílica pode ser protegida por uma camada de areia. O eluente é passado lentamente através da coluna para avançar o orgânico material.
Os componentes individuais são retidos pela fase estacionária diferentemente e separados uns dos outros enquanto eles estão funcionando em diferentes acelera através da coluna com o eluente. No final da coluna eles eluir um de cada vez. Durante todo o processo de cromatografia o eluente é coletado em a Series de frações. Frações pode ser coletado automaticamente por meio de coletores de frações. A produtividade de cromatografia pode ser aumentou por correndo diversos colunas no a tempo. Em esse caso multi coletores de fluxo são usados. A composição do fluxo de eluente pode ser monitorado e cada fração é analisada quanto a compostos dissolvidos, por exemplo, por analítico cromatografia, UV absorção espectros, ou fluorescência. Compostos coloridos (ou compostos fluorescentes com auxílio de lâmpada UV)pode ser visto através o vidro parede como em movimento bandas.

2.2.2 Estacionário Estágio

O *estacionário Estágio* ou *adsorvente* em coluna cromatografia éa sólido. O maioria comum estacionário Estágio para coluna cromatografiaé **a sílica gel** , sendo o próximo mais comum **a alumina** . A celulose em pó tem frequentemente usado no passado. Uma ampla gama de fases estacionárias está disponível em ordem para executar íon intercâmbio cromatografia de fase reversa cromatografia (RP), afinidade cromatografia ou expandida cama adsorção (EBA). As fases estacionárias são geralmente pós finamente moídos ou géis e/ou são microporosos para uma superfície aumentada, embora no EBA um leito fluidizado é usado. Existe uma relação importante entre o estado estacionário peso da fase e o peso seco da mistura de analito que pode ser aplicada na coluna. Para a coluna de sílica chrom100r, os componentes do analito são sendo eluído.

2.2.3 Móvel Estágio

A *fase móvel* ou *eluente* é um solvente ou uma mistura de solventes utilizados para mover os compostos através da coluna. É escolhido para que a retenção o valor do fator do composto de interesse é aproximadamente em torno de 0,2 - 0,3, a fim de minimizar o tempo e a quantidade de eluente para executar a cromatografia. O O eluente também foi escolhido para que os diferentes compostos possam ser separados efetivamente. O eluente é otimizado em protestos de pequena escala, muitas vezes usando camada fina cromatografia (TLC) com o mesmo estacionário Estágio.

Existe uma taxa de fluxo ideal para cada separação específica. Um mais rápido taxa de fluxo do eluente minimiza o tempo necessário para executar uma coluna e, assim, minimiza difusão, resultando em a melhorar separação. No entanto, o máximo a taxa de fluxo é limitada porque é necessário um tempo finito para o analito se equilibrar entre o estacionário Estágio e móvel Estágio, ver furgão Deméter equação. Uma simples coluna de laboratório funciona por fluxo gravitacional. A taxa de fluxo de tal coluna pode ser aumentado estendendo a coluna cheia de eluente fresco acima do topo do estacionário Estágio ou diminuiu por o tocar controles. Mais rápido fluxo cotações pode ser alcançou por usando a bombear ou por usando comprimido gás (por exemplo: ar, azoto, ou argônio) para empurrar o solvente através o coluna (clarão coluna cromatografia).

O tamanho de partícula da fase estacionária é geralmente mais fino em flash. cromatografia em coluna do que na cromatografia em coluna gravitacional. Por exemplo, um de o maioria largamente sílica usada gel notas no antigo técnica é malha 230
– 400 (40 – 63 μm), enquanto o último técnica tipicamente requer malha 70 – 230
(63 – 200 μm) sílica gel.
Uma planilha que auxilia no desenvolvimento bem-sucedido de colunas flash foi desenvolvido. A planilha estima o volume e a faixa de retenção volume de analitos, o fração números esperado para conter cada analito, e a resolução entre picos adjacentes. Esta informação permite aos usuários selecionar ótimo parâmetros para escala preparativa separações antes o clarão coluna em si é tentada.

2.2.4 Embalagem a (sílica gel) coluna:

1. Use um pedaço de arame para adicionar um pedaço de algodão na parte inferiora coluna. Deve haver algodão suficiente para que a areia e a sílica não cairá da coluna. Porém, também muito algodão ou algodão embalado com muita força impedirá o eluente de gotejamento no uma taxa aceitável.
2. Braçadeira o coluna para a anel ficar e adicionar suficiente areia para preencha a parte curva de a coluna.
3. Lugar a pitada braçadeira sobre o tubulação, então preencher o coluna 1/4 até 1/3 da capacidade com o eluente inicial. (A composição de eluente é frequentemente alterado como o a separação prossegue.)
4. Prepare uma pasta de sílica no eluente inicial, despejando sílica em um copo de eluente. (Adicione um volume de sílica gel, como 20 mL, para aproximadamente dobrar o volume de eluente, 40 mL.) CUIDADO: mantenha a sílica seca em seu capuz e ser cuidadoso não para inalar o leve substância.

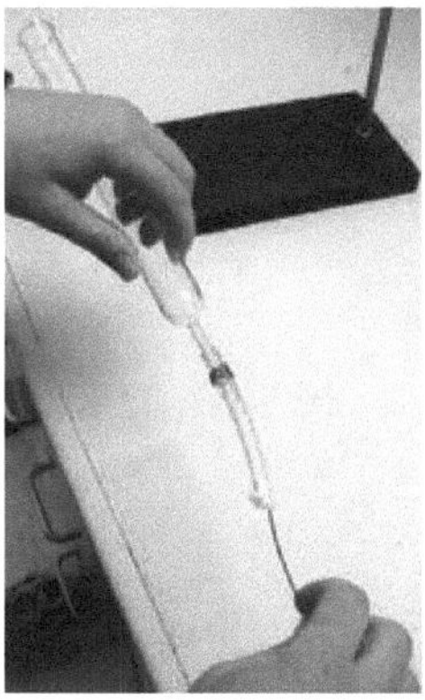

Passo 1

5. Rapidamente, mas com cuidado, despeje a pasta na coluna. Mexa e despeje imediatamente maximizar a quantidade de sílica que entra na coluna em vez de permanecer atráso taça. Você poderia encontrar a limpar espátula ou vidro haste útil em transferindo o sil

6. Remover o pitada braçadeira para permitir solvente para pingar em a limpar frasco. Tocar sobre o sido coluna com a borracha rolha ou tubulação ajudar o sílica resolver uniformemente.

7. Usar a Pasteur pipetar para limpar qualquer sílica que é furando para o lados de o coluna. Ao sílica para resolver enquanto o eluente continua para pingar em o frasco.

8. Assim que a sílica assentar, adicione cuidadosamente areia no topo da coluna. Areia é ele do que a sílica. Se a sílica não assentar, a areia pode afundar na sílica em vez de formando uma camada sobre ele. (Pode ser necessário enxaguar a areia que gruda no side a coluna.

Coluna depois Etapa 3 etapas 5 Coluna
depois Este

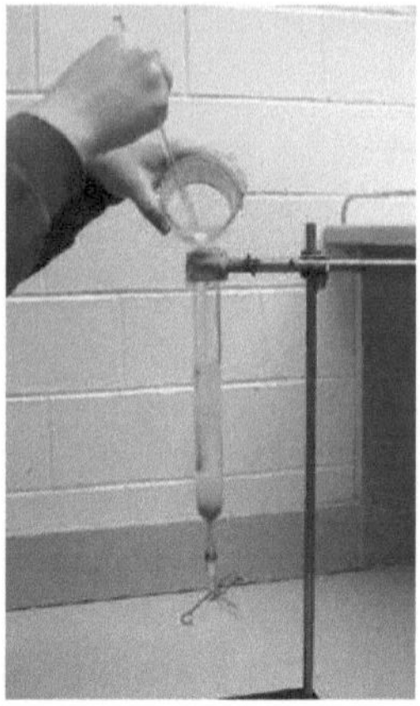

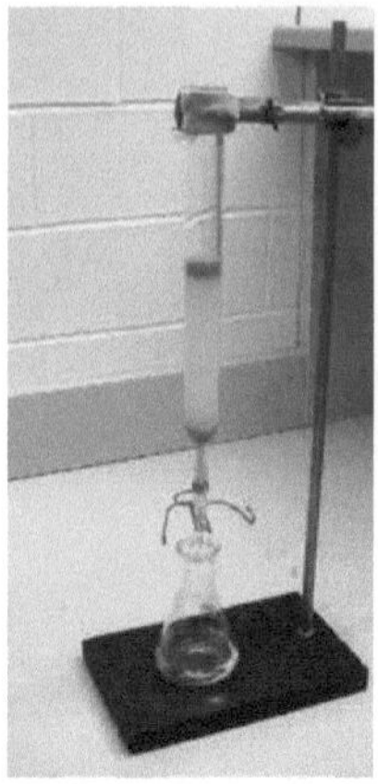

Carregando a amostra no coluna:

9. Ralo eluente de o coluna até não solvente restosacima a superfície de a areia.
10. Usando a longo Pasteur pipeta, com cuidado adicionar seu amostra para o coluna.
11. Ralo eluente de o coluna até não amostra restosacima a superfície de a areia.
12. Usar ~ 1 mL de eluente para limpar seu recipiente e pipeta. Adicionaresse mililitro de amostra para o areia. Ralo eluente de o coluna até que nenhum líquido permaneça acima da superfície daareia.

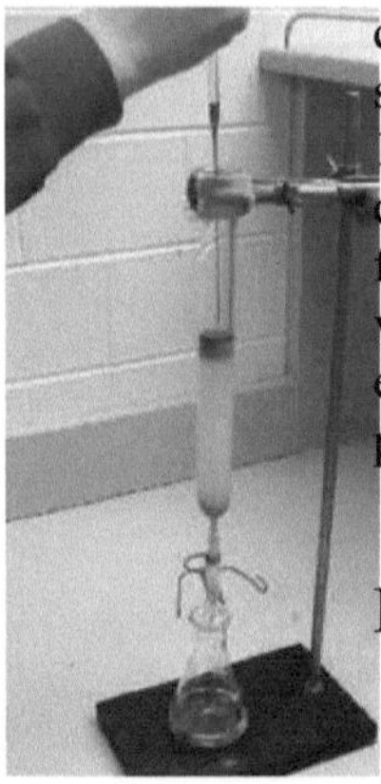

13. Repita a etapa 12 duas ou três vezes para transferir completamente sua amostra no gel de sílica. Se você não fizer e repetiretapa 12, sua amostra permanecerá na areia em vez de a sílica. A amostra restante na areia se dissolverá no eluente que você adiciona na etapa 14, arruinando a possibilidade de boa separação de componentes.

Etapa 10

•

2.3 Trabalhar processo

- Diluir a mistura de reação com um solvente para processamento (este é um solvente orgânico camada).
- Lavar a camada orgânica com diversas soluções aquosas ou simplesmente com água alguns de o subproduto gerar durante o reação vai ser neutralizado ou remover por dissolvendo no camada aquosa.
- Em química, work-up refere-se à série de manipulações necessárias para isolar e purificar o produto de um químico reação.

Tipicamente esses poderia incluir têmpera a reação para desativar qualquer reagente que não reagiu.

As duas camadas são claramente visíveis, se o resultado for uma camada turva, você tem umaemulsão.

DEPOIS TRABALHAR ACIMA ADICIONAR SÓDIO SULFATO PARA ABSORVERA UMIDADE.

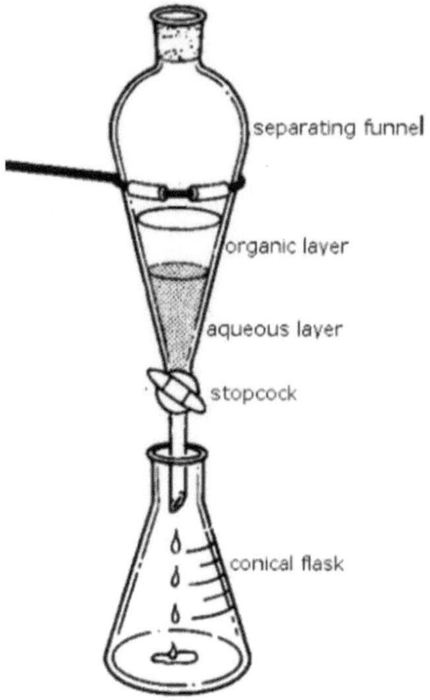

Em química, trabalho refere-se para o Series de manipulações obrigatório para isolar e purificar o produtos) de a químico reação. Tipicamente, esses manipulações podem incluir: ... separar a mistura de reação em orgânicos e camadas aquosas por líquido-líquido Extração.

química , trabalho refere-se para o Series de manipulações obrigatório para isolar e purificar o produtos) de a reação química .

2.4 Referências

1. *atormentar C. Luís & Cristóvão J. Temperamental (13 junho 1989). Experimental Química Orgânica: Princípios e Prática (edição ilustrada). Wiley Blackwell. pp. 159–173. ISBN 978-0-632-02017-1 .*

2. *^ IA Vogel; RA Tatchell; Bobagem Móveis; AJ Hannaford & PWG Smith (1989). Livro Didático de Química Orgânica Prática de Vogel (5ª ed.). ISBN 978- 0-582-46236-6 .*

3. ^ Salte acima para: *a b Reich, E.; Schibli A. (2007). Alta performance camada fina cromatografia para a análise de plantas medicinais (Ilustrado edição). Novo Iorque: Thiemé. ISBN 978-3-13-141601-8 .*

4. ^ Tabelas mostrando o valor da espessura do comercial regular e preparativo Afinar Camada Cromatografia pratos

5. ^ **Cromatografia** em Camada Fina : Como http://www.reachdevices.com/TLC.html

6. *Shusterman, AJ; McDougal, GP; Glasfeld, A (1997). "Coluna Seca Clarão Cromatografia". J. Química Educ . **74** (10):1222. Bibcode : 1997JChEd..74.1222S . doi : 10.1021/ed074p1222 . ISSN 0021- 9584 .*

7. *^ "Como para configurar a clarão cromatografia sílica coluna e na verdade ter sucesso no separação" .reachdevices.com. ALCANÇAR Dispositivos, LLC. Recuperado 3janeiro 2019.*

8. *^ Ainda assim, WC; Kahn, M; Mitra, A (1978). "Técnica cromatográfica rápida para separações preparativas com resolução moderada". J Org Chem . ACS . **43** (14):2923–2925. doi : 10.1021/jo00408a041 .*

9. *^ Harwood LM, Moody CJ (13 de junho de 1989). Química orgânica experimental: Princípios e Prática (Ilustrado edição). Londres: Blackwell. págs. 180– 185. ISBN 978-0-632-02017-1 . OCLC 1079261960 .*

10. *^ "Material Harvest ® Sílica Gel para Cromatografia em Coluna de Fase Normal" .Material Colheita. 2008. Recuperado 3 janeiro 2019.*

11. *^ Justo, JD; Kormos, CM (2008). "Cromatogramas de coluna flash estimados de camada fina cromatografia dados". J Cromatogr A . **1211** (1–2): 49– 54. doi : 10.1016/j.chroma.2008.09.085 . ISSN 0021-9673 . PMID 18849041 .*

12. ^ Salte acima para: *um b c d Harrison RG, Todd PW, Rudge Sr, Petridas PD (2003). Bioseparações Ciência e engenharia (2ª ed.). Nova Iorque, NOVA IORQUE: Oxford Jornal universitário . ISBN 9780190213732 . OCLC 899240244 .*

13. *Stevenson, Angus; Lindberg, Christine A., eds. (2010). "Trabalhar". Novo Oxford americano Dicionário (3° edição). Universidade de Oxford Imprensa. ISBN 9780199891535 .*

14. *^ Donald L. Pavia (2004). Introdução às técnicas de laboratório orgânico: A Pequeno Escala Abordagem. Thompson Brooks/Cole. págs. 312–314. ISBN 0-534-*

Capítulo 3

INSTRUMENTOS

3.1 EVAPORADOR ROTATIVO

3.1.1 Princípio

Um evaporador rotativo, ou rotavap, funciona aquecendo líquidos sob baixa pressão, vaporizando-os e condensando esse gás em um recipiente separado, assim como muitos outros aparelho de destilação. No entanto, um rotavap usa mudanças de temperatura e pressão em isso é funcionalidade

Um **evaporador rotativo** (ou **rotavap**) é um dispositivo usado em laboratórios químicos para o eficiente e gentil remoção de solventes de amostras por evaporação . Quando referenciado na literatura de pesquisa química, descrição do uso desta técnica e o equipamento pode incluir a frase "evaporador rotativo", embora o uso seja muitas vezes bastante sinalizado por outro linguagem (por exemplo, "o amostra era evaporado sob reduzido pressão").

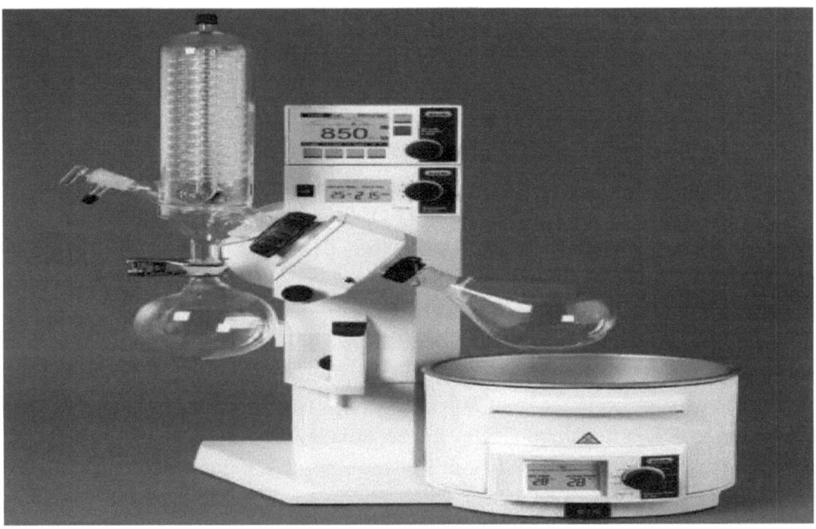

Os evaporadores rotativos também são utilizados no cozimento molecular para a preparação de destiladose extratos.

Um sistema simples de evaporador rotativo foi inventado por Lyman C. Craig. Foi primeiro comercializado pela empresa suíça Buchi em 1957. Outro evaporador comum marcas são KNF, Heidolph , Robusto, Stuart, Hidron Científico, SENCO, IKA e OLHA. Na pesquisa, a forma mais comum é a unidade de bancada de 1L, enquanto a unidade grande escala (por exemplo, 20L-50L) versões são usado em piloto plantas em comercial químico operações.

3.1.2 Teoria

Os evaporadores a vácuo como uma função de classe porque reduzem a pressão acima de um volume líquido abaixa a fervura pontos de o componente líquidos em isto. Geralmente, o componente líquidos de interesse em formulários de rotativo evaporação sãosolventes de pesquisa que se deseja remover de uma amostra após uma extração, como após o isolamento do produto natural ou uma etapa de uma síntese orgânica. Solventes líquidos podem ser removidos sem aquecimento excessivo do que é muitas vezes complexo e sensível soluto solvente combinações.

A evaporação rotativa é mais frequente e convenientemente aplicada para separar produtos de "baixa ebulição" solventes como n-hexano ou acetato de etila a partir de compostos que são sólidos à temperatura ambiente temperatura e pressão. No entanto, cuidadoso aplicativo também permite a remoção de um solvente de a amostra contendo a líquido composto se lá é mínimo co- evaporação e uma diferença suficiente nos pontos de ebulição na temperatura escolhida e reduzido pressão.

Solventes com pontos de ebulição mais altos, como água (100 °C em temperatura atmosférica padrão pressão, 760 torr ou 1 bar), dimetilformamida (DMF, 153 °C ao mesmo), ou di sulfóxido de metila (DMSO, 189 °C ao mesmo), também pode ser evaporado se a unidade estiver sistema de vácuo é capaz de pressão suficientemente baixa. (Por exemplo, tanto DMF como O DMSO ferverá abaixo de 50 °C se o vácuo for reduzido de 760 torr para 5 torr [de 1 bar para 6,6 mbar]) No entanto, desenvolvimentos mais recentes são frequentemente aplicados nestes casos (por exemplo, evaporação durante a centrifugação ou vórtice em altas velocidades). Evaporação rotativa para solventes formadores de ligações de hidrogênio com alto ponto de ebulição, como a água, costuma ser o último recurso, como outros métodos de evaporação ou liofilização estão disponíveis. Isto se deve em parte ao facto que em tal solventes, o tendência "bater " é acentuado. Omoderno centrífugo tecnologias de evaporação são particularmente útil quando um tem muitas amostras para fazer em paralelo, como na síntese de médio a alto rendimento agora Expandindo na indústria e na academia.

Evaporação sob vácuo pode também, em princípio, ser realizado usando padrão vidraria de destilação orgânica - ou seja, sem rotação de o amostra. O chave vantagens em uso de um evaporador rotativo são

1. que o centrífugo força e o de fricção força entre o parede de obalão giratório e a amostra líquida resultam na formação de uma fina película de esquentar solvente ser espalhar sobre a grande superfície.

2. As forças criadas pela rotação suprimem os choques . A combinação destes características e as conveniências incorporadas nos evaporadores rotativos modernos permitem para evaporação rápida e suave de solventes da maioria das amostras, mesmo nas mãos de usuários relativamente inexperientes. Solvente restante após evaporação rotativa pode ser removido expondo a amostra a um vácuo ainda mais profundo, em um nível mais firmemente selado vácuo sistema, no ambiente ou mais alto temperatura.

Uma desvantagem importante nas evaporações rotativas, além de sua natureza de amostra única, é o potencial de alguns amostra tipos para ressalto, por exemplo etanol e água, qual pode resultadoem perda de a parte de o material, pretendido para ser retida. Até profissionais experiência periódico acidentes durante evaporação, especialmente batendo, no entanto usuários experientes ficam cientes da propensão de algumas misturas a colidir ou espumar, e aplicar precauções que ajudem a evitar a maioria desses eventos. Em particular, bater pode muitas vezes ser evitado levando fases homogêneas para a evaporação, cuidadosamente regulando a força do vácuo (ou a temperatura do banho) para proporcionar uma temperatura uniforme taxa de evaporação, ou, em casos raros, através do uso de outros agentes como como fervendo chips (para tornar a etapa de nucleação da evaporação mais uniforme). Evaporadores rotativos também pode ser equipado com outros purgadores especiais e conjuntos de condensadores que são melhores adequado para especial difícil amostra tipos, Incluindo aqueles com o tendência para espumaou ressalto.

3.2 ultravioleta câmara

Para TLC análise

1 ultravioleta Análise Gabinete é um de Series equipamentos de TLC.

2 A lâmpada UV e a caixa preta foram projetadas para integração adequada especialmente na análise de medicamentos de TLC, análises de camada de papel, bioquímico gel análise, fluorescência ver detecção.

3 Escolhemos filtro e tubo UV de boa qualidade. para que o transmissão eficiência é aumentou 1-2 vezes.

Possui características de menor potência, a quantidade de calor é baixa e fácil para operar.

4 Outro gabinete de análise UV de lâmpada U de 11W tubo, o UV iluminação talvez aprimorado um tempo.

3.3 MAGNÉTICO AGITADOR

Um magnético agitador ou magnético misturador é a dispositivo de laboratório que emprega a girando campo magnético para fazer com que uma barra de agitação imersa em um líquido gire muito rapidamente, por isso mexendo isto.

(a)

(b) Magnetic stirrer with hot plate

O campo rotativo pode ser criado por um ímã rotativo ou por um conjunto de eletroímãs estacionários, colocados abaixo do recipiente com o líquido. Magnético barras de agitação funcionam bem em recipientes de vidro comumente usados para reações químicas, como vidro faz não sensivelmente afetar a magnético campo.

Porque de o pequeno tamanho de mexendo bar isto pode ser facilmente limpo e esterilizado que outro mexendo dispositivos. Eles fazer não exigir lubrificantes que poderia contaminar o reação navio e o produtos. Magnético agitadores poderia também incluir um quente placa ou alguns outro significa para aquecimento o líquido
A mexer bar recuperador é a separado magnético sobre o fim de a longo grudar (geralmenterevestido com teflon) qual pode ser usado para remover mexer bares de uma embarcação.

- **Mexer bares de tamanho diferente:**

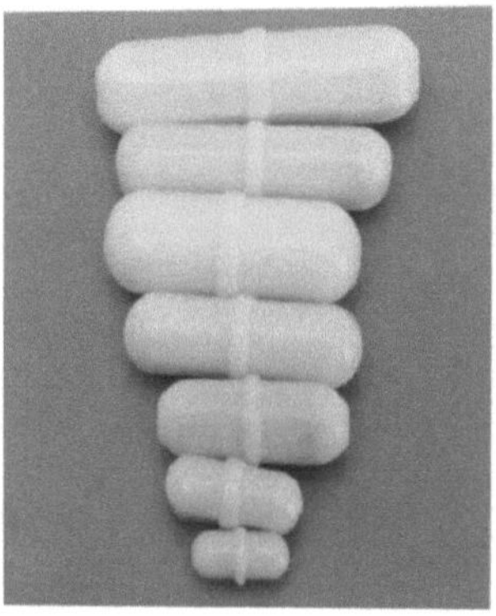

3.4 Vácuo filtração

Vácuo filtração é a filtração rápida técnica usado para sólidos separados de líquidos .
Por fluindo através o **aspirador** , a **água** chupar fora o arcontido no balão de vácuo e o Buchner frasco . Lá é portanto a diferença de **pressão** entre o exterior e o interior dos frascos: a o conteúdo do **funil de Buchner** é sugado para o frasco a vácuo. O **filtro** ,que é colocado no fundo do funil de Buchner, separa os sólidos do o líquidos.
resíduo sólido , que permanece no topo do funil de Buchner, é portanto, recuperado de forma mais eficiente: é muito mais seco do que seria com um simples filtração.

A borracha a vedação cônica garante que o aparelho esteja hermeticamente fechado, prevenindo o passagem de ar entre o Buchner funil e o frasco de vácuo. Isto mantém o vácuo em o aparelho e também evita físico pontosde estresse (vidro contra vidro.)

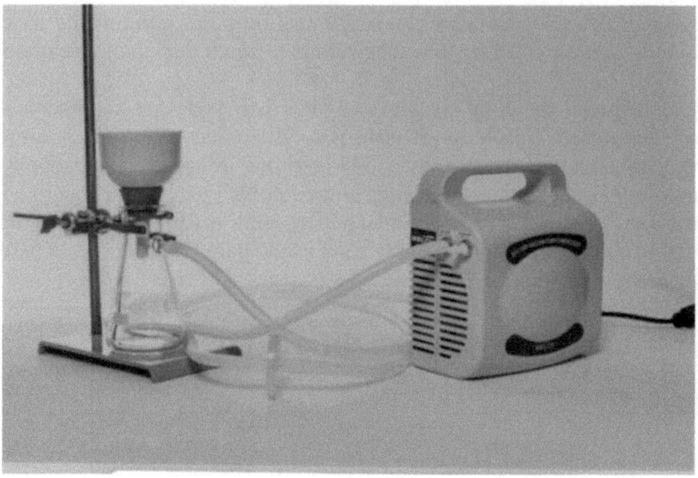

A filtragem é uma operação unitária comumente usada tanto em laboratório quanto em laboratório. condições de produção. Este aparelho, adaptado para trabalhos de laboratório, é frequentemente usado para isolar o produto de síntese de uma reação quando o produto é um sólidoem suspensão. O produto da síntese é então recuperado mais rapidamente e o sólido ésecador que em o caso de a simples filtração. Outro que isolando a sólido, a filtração também é uma etapa de purificação: as impurezas solúveis no solvente são eliminado no filtrado (líquido).

Esse aparelho é muitas vezes usado para purificar a líquido. Quando a sintetizado produto é filtrado, os insolúveis (catalisadores, impurezas, subprodutos do reação, sais) permanecem no filtro. Neste caso, a filtração a vácuo também é mais eficiente que uma simples filtração: há mais líquido recuperado e o rendimento é portanto melhorar.

3.5 [1] hora RMN

3.6 (Próton magnético nuclear ressonância)

Nuclear magnético ressonância espectroscopia , maioria comumente conhecido como **espectroscopia de RMN** ou **espectroscopia de ressonância magnética** (**MRS**), é uma técnica espectroscópica para observar campos magnéticos locais ao redor de núcleos atômicos. A amostra é colocada em um campo magnético e o sinal de RMN é produzido por excitação de o núcleos amostra com rádio ondas em energia nuclear magnético ressonância, que é detectada com receptores de rádio sensíveis. O intramolecular campo magnético em torno de um átomo em uma molécula altera a frequência de ressonância, dando assim acesso a detalhes da estrutura eletrônica de uma molécula e sua grupos funcionais individuais. Como os campos são únicos ou altamente característicos para Individual compostos, em orgânico moderno prática de química, RMN espectroscopia é o definitivo método para identificar orgânico monomolecular compostos. De forma similar, bioquímicos usar RMN para identificar proteínas e outro complexo moléculas. Além do mais identificação, RMN espectroscopia fornece informações detalhadas sobre a estrutura, dinâmica, estado de reação e química ambiente de moléculas. O tipos mais comuns de RMN são espectroscopia de RMN de prótons e carbono-13, mas é aplicável a qualquer tipo de amostra que contém núcleos possuindo rodar.

Os espectros de RMN são únicos, bem resolvidos, analiticamente tratáveis e muitas vezes altamente previsível para pequeno moléculas. Funcional diferente grupos são obviamente distinguível, e idêntico funcional grupos com diferente os substituintes vizinhos ainda fornecem sinais distinguíveis. A RMN tem em grande parte substituído molhado tradicional testes de química tal como cor reagentes ou típica cromatografia para identificação. A desvantagem é que a relativamente grandequantia, 2–50 mg, de a purificado substância é obrigatório, embora isto poderia ser recuperado através de uma investigação. De preferência, a amostra deve ser dissolvida num solvente, porque RMN análise de sólidos requer a magia dedicada ângulo fiação máquina e poderia não dar igualmente bem resolvido espectros. O A escala de tempo da RMN é relativamente longa e, portanto, não é adequada para observar fenômenos, produzindo apenas um espectro médio. Embora grandes quantidades de impurezas fazer mostrar sobre um RMN espectro, melhorar métodos existir para detectando impurezas, como RMN é inerentemente não muito confidencial - no entanto no mais altofrequências, sensibilidade é mais alto.

Correlação espectroscopia é a desenvolvimento de ordinário RMN. Em dois-NMR dimensional, a emissão é agrupada em torno de uma única frequência, e ressonâncias correlacionadas são observadas. Isto permite identificar os vizinhos substituinte de o observado funcional grupo, permitindo inequívoco identificação de o ressonâncias. Lá são também mais complexo 3D e 4D métodos e uma variedade de métodos projetados para suprimir ou amplificar determinados tipos de ressonâncias. Em nuclear Overhauser efeito (NOE) espectroscopia, o o relaxamento das ressonâncias é observado. Como a NOE depende da proximidade de os núcleos, quantificar o NOE para cada núcleo permite a construção de um modelo tridimensional de o molécula.

Os espectrômetros de RMN são relativamente caros; as universidades geralmente têm eles, mas eles são menos comum em privado empresas. Moderno RMN espectrômetros ter a muito forte, grande e hélio líquido caro - supercondutor resfriado magnético, porque resolução diretamente depende sobre Força do campo magnético. Máquinas mais baratas que usam ímãs permanentes e resoluções mais baixas também estão disponíveis, o que ainda oferece desempenho suficiente para determinadas aplicações, como monitoramento de reações e verificação rápida de amostras. Existem até espectrômetros de ressonância magnética nuclear de bancada . RMN pode ser observado em Campos magnéticos menos que uma militesla. Baixa resolução RMN produz picos mais amplos que podem facilmente se sobrepor, causando problemas em resolvendo complexo estruturas. O usar de mais alto força magnético Campos resultado em claro resolução de o picos e é o padrão na indústria.

A base da RMN. O princípio por trás da RMN é que muitos núcleos têm giram e todos os núcleos ficam eletricamente carregados. Se um campo magnético externo for aplicado, uma transferência de energia é possível entre a energia base para uma energia superior nível de energia (**geralmente** a energia **única** brecha).

3.5.1 Ressonante frequência

Quando colocados em um campo magnético, os núcleos ativos de RMN (como ^{1} H ou ^{13} C) absorver radiação eletromagnética em uma frequência característica do isótopo. frequência de ressonância, energia da radiação absorvida e intensidade do sinal são proporcional para o força de o magnético campo. Para exemplo, em a 21 Tesla magnético campo, hidrogênio átomos (geralmente referido para como prótons) ressoar no 900MHz Isto é comum Referir para um Ímã de 21 T como Ímã de 900 MHz desde hidrogênio é o maioria comum núcleo detectou, no entanto diferente núcleos vai ressoar no diferente frequências no esse campo força em proporção para o seu momentos magnéticos nucleares.

3.5.2 Amostra manuseio

Um RMN espectrômetro normalmente consiste em uma fiação porta-amostras dentro de um ímã muito forte, um emissor de radiofrequência e um receptor com sonda (um conjunto de antena) que entra no ímã para envolver a amostra, opcionalmente, bobinas de gradiente para medições de difusão e componentes eletrônicos para controlar o sistema. Girar a amostra geralmente é necessário para calcular a média movimento, no entanto, alguns experimentos exigem uma amostra estacionária quando a solução o movimento é uma variável importante. Por exemplo, medições de difusão constantes (*espectroscopia ordenada por difusão* ou DOSY) são feitas usando umamostra com fiação e células de fluxo podem ser usadas para análise on-line de fluxos de processo.

3.5.3 Solventes deuterados

A grande maioria das moléculas em uma solução são moléculas de solvente e a maioria dos solventes regulares são hidrocarbonetos e, portanto, contêm prótons ativos em RMN. Em a fim de evitar a detecção apenas de sinais de átomos de hidrogênio solvente, deuterados solventes são usado onde 99+% de os prótons são substituídos com deutério (hidrogênio-2). O maioria largamente usado deuterado solvente é deuteroclorofórmio ($CDCl_3$), embora outros solventes possam ser usados dependendo o solubilidade de a amostra. Deutério óxido (D_2O) e deuterado DMSO (DMSO- d_6) são muitas vezes usado quando CDCl3 não trabalhar, e outro deuteradosolventes pode ser usado como necessário. O químico turnos de a molécula vai mudam ligeiramente entre os solventes, e o solvente usado quase sempre será relatado com químico mudanças. RMN espectros são muitas vezes calibrado contra o conhecido solvente residual pico de prótons em vez de adicionado tetrametilsilano.

3.5.4 Calçar e travar

Para detectar o muito pequeno frequência turnos devido para nuclear magnético ressonância, o campo magnético aplicado deve ser constante em toda a amostra volume. Alto resolução RMN espectrômetros use calços para ajustar o homogeneidade de o magnético campo para peças por bilhão (ppb) em a volume de a alguns centímetros cúbicos. Para detectar e compensar a falta de homogeneidade e deriva no campo magnético, o espectrômetro mantém uma "trava" no solvente frequência de deutério com uma unidade de bloqueio separada. Em espectrômetros NMR modernos o calço é ajustado automaticamente, embora em alguns casos o operador precise otimizar o calço parâmetros manualmente para obtivermos o melhor possível resolução.

3.5.5 Aquisição de espectros

Sobre excitação de o amostra com a rádio frequência (60–1000 MHz)pulso, a nuclear magnético ressonância resposta - a livre indução decair (FID) - éobtido. Isto é a muito fraco sinal, e requer confidencial rádio receptores para escolha acima. Um Fourier transformar é carregou fora para extrair o domínio de frequência espectrode o cru domínio do tempo FID. A espectro de a solteiro FID tem a baixo sinal-fazer barulho razão, mas isto melhora facilmente com média de repetido aquisições.Bom ^{1} hora RMN espectros pode ser adquirido com 16 repete, qual leva apenasminutos. No entanto, para elementos mais pesado que hidrogênio, o relaxamento tempo éem vez de longo, por exemplo em volta 8 segundos para ^{13}C. Por isso, aquisição de quantitativoespectros de elementos pesados podem ser demorados, levando de dezenas de minutos a horas. Seguindo o pulso, o núcleos são, sobre média, animado para um certo ângulo vs. oespectrômetro magnético campo. O extensão de excitação pode ser controlada com opulso largura, tipicamente ca. 3-8 µs para o ótimo 90° pulso. O pulso largura podeser determinado por plotagem o (assinado) intensidade como a função de pulso largura. Istosegue um curva senoidal e, consequentemente, muda o sinal nas larguras de pulsocorrespondente a Pulsos de 180° e 360°.

Os tempos de decaimento da excitação, normalmente medidos em segundos, dependem do eficácia do relaxamento, que é mais rápido para núcleos mais leves e em sólidos, e mais lentos para núcleos mais pesados e em soluções, e podem ser muito longos em gases. Se o segundo excitação pulso é enviado prematuramente antes o relaxamento é completo, o média magnetização vetor tem não deteriorado para chão estado, que afeta a força do sinal de maneira imprevisível. Na prática, as áreas dos picos não são então proporcionais à estequiometria; apenas a presença, mas não é possível discernir a quantidade de grupos funcionais. Uma inversão experimento de recuperação pode ser feito para determinar o tempo de relaxamento e, portanto, o atraso necessário entre os pulsos. Um pulso de 180°, um atraso ajustável e um 90° pulso é transmitido. Quando o pulso de 90° cancela exatamente o sinal, o atraso corresponde para o tempo necessário para 90° de relaxamento Inversão recuperação é que vale a pena para quantitativo $^{13°}$ C, 2D e outro demorado experimentos.

A spinning charge generates a magnetic field that results in a magnetic moment proportional to the spin. In the presence of an external magnetic field, two spin states exist (for a spin 1/2 nucleus): one spin up and one spin down, where one aligns with the magnetic field and the other opposes it. The difference in energy (ΔE) between the two spin states increases as the strength of the field increases, but this difference is usually very small, leading to the requirement for strong NMR magnets (1-20 T for modern NMR instruments). Irradiation of the sample with energy corresponding to the exact spin state separation of a specific set of nuclei will cause excitation of those set of nuclei in the lower energy state to the higher energy state.

3.5.6 Mudança química

Para núcleos de spin 1/2, a diferença de energia entre os dois estados de spin em um determinado magnético campo força é proporcional para deles magnético momento. No entanto, mesmo que todos os prótons tenham os mesmos momentos magnéticos, eles não fornecem ressonância sinais nos mesmos valores de frequência. Essa diferença surge da diferença eletrônico ambientes de o núcleo de interesse. Sobre aplicativo de um externo magnético campo, esses elétrons mover em resposta para o campo e geram campos magnéticos locais que se opõem ao campo aplicado muito mais forte. Esse campo local, portanto, "protege" o próton do campo magnético aplicado, que deve portanto, ser aumentado para obter ressonância (absorção de energia de RF). Esses incrementos são muito pequenos, geralmente em partes por milhão (ppm). Por exemplo, o próton pico de um aldeído é mudou ca. 10 ppm comparado para a Hidrocarbonetos pico, desde como uma retirada de elétrons grupo, o carbonila desprotege o próton por reduzindo o local elétron densidade.

O diferençaentre 2.3487 T e 2.3488 T é portanto sobre 42 ppm. No entanto a escala de frequência é comumente usada para designar os sinais de NMR, embora o espectrômetro pode operar varrendo o campo magnético e, portanto, o 42 ppm é 4200 Hz para 100 Frequência de referência em MHz (RF).

No entanto, dado que a localização de diferentes sinais de RMN depende de a intensidade do campo magnético externo e a frequência de referência, os sinais são geralmente relatado relativo para a referência sinal, geralmente que de EMT (tetrametilsilano). Além disso, uma vez que a distribuição dos sinais de NMR é campo dependente, esses frequências são dividido por o espectrômetro frequência. Entretanto, como estamos dividindo Hz por MHz, o número resultante seria muito pequeno e, portanto, é multiplicado por um milhão. Esta operação dá portanto uma número localizador chamado de "mudança química" com unidades de partes por milhão. Em geral, as mudanças químicas para os prótons são altamente previsíveis, uma vez que as mudanças são determinado principalmente por efeitos de blindagem mais simples (densidade eletrônica), mas o mudanças químicas para muitos núcleos mais pesados são mais fortemente influenciadas por outros fatores Incluindo excitado estados ("paramagnético" contribuição para blindagem tensor).

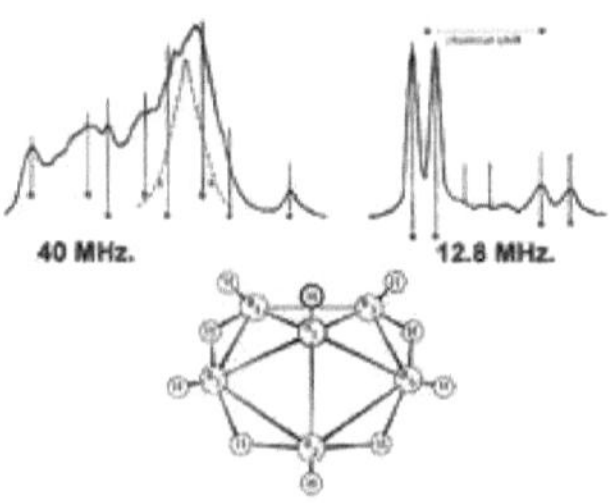

Exemplo de o químico mudança: RMN espectro de hexaborano B_6H_{10} mostrando picos deslocados em frequência, o que dá pistas sobre a estrutura molecular estrutura. (clique ler interpretação detalhes)

O químico mudança fornece Informação sobre o estrutura de o molécula. A conversão dos dados brutos para esta informação é chamado *de atribuir* o espectro. Para exemplo, para o ^{1H} -RMN espectro para etanol (CH_3CH_2OH), um seria esperar sinais no cada de três específico deslocamentos químicos: um para o grupo C H_3, um para o grupo C H_2 e um para o grupo C H 2 *Grupo* OH . Um grupo CH_3 típico tem um deslocamento em torno de 1 ppm, um CH_2 ligado a um OH tem uma mudança de cerca de 4 ppm e um OH tem uma mudança de 2–6 ppm dependendo do solvente utilizado e da quantidade de ligações de hidrogênio. Enquanto o O átomo afasta a densidade eletrônica do H ligado através de sua mútuo sigma ligação, o elétron solitário pares sobre o Ó tomar banho o H em delesefeito de blindagem.

Em paramagnético RMN espectroscopia, Medidas são conduzido sobre amostras paramagnéticas. O paramagnetismo dá origem a substâncias químicas muito diversas mudanças. Em RMN de 1H espectroscopia, o químico mudança faixa pode período 500 ppm.

Porque de molecular movimento no sala temperatura, o três metilo prótons *média fora* durante o RMN experimentar (qual tipicamente requer a alguns ms). Esses prótons tornar-se degenerado e forma a pico no o mesmo mudança química.
A forma e a área dos picos também são indicadores da estrutura química. No exemplo acima - o espectro de prótons do etanol - o pico CH_3 tem três vezes a área do pico OH. Da mesma forma, o pico do CH_2 seria o dobro da área do OH pico mas apenas 2/3 a área do CH_3 pico.

Programas permite análise de sinal intensidade de picos, qual sob condições de relaxamento ideal, correlacionam-se com o número de prótons daquele tipo. Análise de sinal intensidade é feito por integração - o matemático processo que calcula a área sob uma curva. O analista deve integrar o pico e não medir sua altura porque os picos também têm *largura* - e portanto sua tamanho é dependente sobre isso é área não isso é altura.

No entanto, deve ser mencionado que o número de prótons, ou qualquer outro núcleo observado, é apenas proporcional à intensidade, ou integral, do Sinal de RMN nos experimentos de RMN unidimensionais mais simples. Em mais elaborar experimentos, para instância, experimentos tipicamente costumava ser obter RMN de carbono-13 espectros, o integrante de o sinais depende sobre o relaxamento taxa de o núcleo, e isso é escalar e dipolar acoplamento constantes. Muitas vezes estes factores são pouco conhecidos - portanto, a integral da RMN sinal é muito difícil para interpretar em mais RMN complicada experimentos.

3.5.3 Acoplamento J

Camisola(s) 1

Multiplicity	Intensity Ratio
Dupleto (d)	1:1
1:2:1	Triplet (t)
Quarteto (q)	1:3:3:1
Quintet	1:4:6:4:1
Sexteto	1:5:10:10:5:1
Setemb	1:6:15:20:15:6:1

Exemplo ^{1H} RMN espectro (unidimensional) de etanol plotado como intensidade do sinal vs. mudança química. Existem três tipos diferentes de átomos de H em etanol em relação à RMN. O hidrogênio (H) no grupo -OH não está acoplando com os outros átomos de H e aparece como um singleto, mas o CH_3 - e o -CH_2 - hidrogênios são acoplamento com cada outro, resultante em a trigêmeo e quarteto respectivamente.

Algumas das informações mais úteis para a determinação da estrutura em um dimensional RMN espectro vem do **acoplamento J** ou **escalar acoplamento** (um caso especial de acoplamento spin-spin) entre núcleos ativos de RMN. Este acoplamento surge da interação de diferentes estados de spin através das ligações químicas deuma molécula e resulta na divisão dos sinais de RMN. Para um próton, o local campo magnético é ligeiramente diferente dependendo se um núcleo adjacente aponta na direção ou contra o campo magnético do espectrômetro, o que dá origem a dois sinais por próton em vez de um. Esses padrões de divisão podem ser complexos ou simples e, da mesma forma, pode ser facilmente interpretável ou enganoso. Esse acoplamento fornece detalhado entendimento em o conectividade de átomos em a molécula.

Acoplamento para *n* equivalente (rodar ½) núcleos divisões o sinal emum **múltiplo** n +1 com razões de intensidade seguindo o triângulo de Pascal conforme descrito em o certo. O acoplamento a rodadas adicionais levará a mais divisão de cada componente do múltiplo, por exemplo, acoplamento a dois núcleos de spin ½ diferentes com significativamente diferente acoplamento constantes vai liderar para um *gibão de dupletos* (abreviatura: dd). Observação que acoplamento entre núcleos que são quimicamente equivalente (que é, ter o mesmo químico mudança) tem não efeito sobre os espectros de RMN e acoplamentos entre núcleos distantes (geralmente mais separados por mais de 3 ligações para prótons em moléculas flexíveis) são geralmente muito pequenos para causa observável divisão. *Longo alcance* acoplamentos sobre mais que três títulos pode muitas vezes ser observado em compostos cíclicos e aromáticos, principal para mais complexo divisão padrões.

Para exemplo, em o próton espectro para etanol descrito acima, o Grupo CH $_3$ é dividir em um *trigêmeo* com uma intensidade razão de 1:2:1 por o dois vizinho $_{\text{Prótons}}$ CH2 . De forma similar, o CH2 é dividir em um *quarteto* com um relação de intensidade de 1:3:3:1 pelos três prótons CH $_{3\ \text{vizinhos}}$. Em princípio, o dois Capítulo $_2$ prótons seria também ser dividir de novo em a *gibão* para forma a *gibão de quartetos* pelo próton hidroxila, mas troca intermolecular do ácido próton hidroxila geralmente resulta em um perda de acoplamento Informação.

Acoplamento para qualquer rodar ½ núcleos tal como fósforo-31 ou flúor-19 funciona desta forma (embora as magnitudes das constantes de acoplamento possam ser muito diferente). Mas os padrões de divisão diferem daqueles descritos acima para núcleos com spin maior que ½ porque o número quântico de spin tem mais de dois valores possíveis. Por exemplo, o acoplamento ao deutério (um núcleo de spin 1) divide o sinal em um *tripleto 1:1:1* porque o spin 1 tem três estados de spin. Da mesma forma, um girar 3/2 núcleo divide um sinal em um *quarteto 1:1:1:1* e assim sobre.

Acoplamento combinado com o deslocamento químico (e a integração para prótons)nos diz não apenas sobre o ambiente químico dos núcleos, mas também sobre o número da RMN *vizinha* ativo núcleos dentro de o molécula. Em mais espectros complexos com múltiplos picos em deslocamentos químicos semelhantes ou em espectros de núcleos outro que hidrogênio, acoplamento é muitas vezes o apenas caminho para distinguir diferente núcleos.

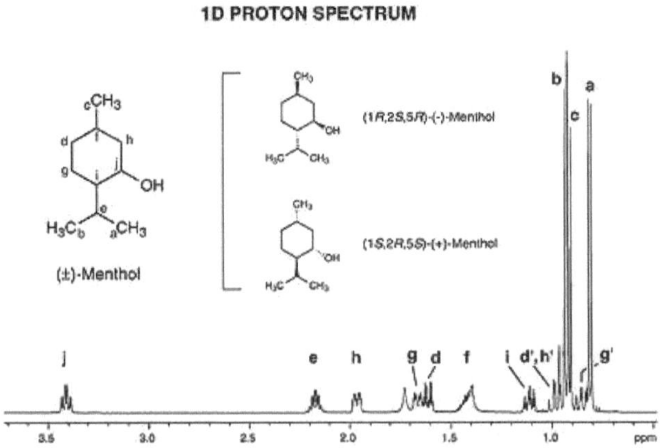

s ^{1h} RMN espectro de mentol com produtos químicos mudar para dentro ppm sobre o eixo horizontal. Cada próton magneticamente inequivalente tem um deslocamento característico, e acoplamentos para outro prótons aparecer como divisão de o picos em múltiplos:

por exemplo, pico *a* , por causa dos três prótons magneticamente equivalentes em metila grupo *A* , casal para um adjacente próton (*e*) e aparece assim como um gibão.

3.5.4 Acoplamento de segunda ordem (ou forte)

O acima descrição assume que o acoplamento constante é pequeno em comparação com a diferença nas frequências de RMN entre os inequivalentes rotaciona. Se a separação do deslocamento diminuir (ou a força do acoplamento aumentar), o múltiplo intensidade padrões são primeiro distorcido, e então tornar-se mais complexoe menos facilmente analisado (especialmente se mais que dois rotaciona são envolvido). A intensificação de alguns picos em um múltiplo é alcançada às custas do restante, qual às vezes quase desaparecer em o fundo barulho, embora a área integrada sob os picos permaneça constante. Na maioria dos campo NMR, no entanto, as distorções são geralmente modestas e a

característica distorções (*telhados*) pode na verdade ajuda para identificar relacionado picos.
Alguns de esses padrões pode ser analisado com o método publicado por João População no entanto isto tem limitado escopo.

Os efeitos de segunda ordem diminuem à medida que a diferença de frequência entre múltiplos aumenta, então que campo alto (ou seja, alta frequência) RMN espectros mostrar menos distorção que mais baixo frequência espectros. Cedo espectros no 60 MHz eram mais propenso para distorção que espectros de mais tarde máquinas tipicamente operativo no frequências em 200 MHz ou superior.

3.5.5 Magnético em equivalência

Efeitos mais sutis podem ocorrer se spins quimicamente equivalentes (ou seja, núcleos relacionados por simetria e, portanto, tendo a mesma frequência de RMN) têm diferentes relações de acoplamento com spins externos. Spins que são quimicamente equivalentes, mas são não indistinguível (baseado em seu acoplamento relacionamentos) são denominados magneticamente inequivalente. Por exemplo, os sítios 4 H do 1,2-diclorobenzeno dividir em dois pares quimicamente equivalentes por simetria, mas um indivíduo membro de um dos pares tem diferentes acoplamentos com os spins que compõem o outro par. A equivalência magnética pode levar a espectros altamente complexos que pode apenas ser analisado por computacional modelagem. Tal efeitos são mais comum em espectros de RMN de sistemas aromáticos e outros sistemas não flexíveis, enquanto conformacional média sobre CC títulos em flexível moléculas tende para equalizar os acoplamentos entre prótons em carbonos adjacentes, reduzindo problemas com magnético em equivalência.

3.7 Líquido cromatografia-massa espectrômetro

Líquido cromatografia-massa espectrometria (**LC-MS**) é um analítico técnica química que combina as capacidades de separação física de líquidos cromatografia (ou HPLC) com o massa análise capacidades de massa espectrometria (EM). Acoplado cromatografia - EM sistemas são popular em químico análise porque o Individual capacidades de cada técnica sãomelhorado sinergicamente. Enquanto a cromatografia líquida separa misturas com múltiplo componentes, massa espectrometria fornece estrutural identidade de o componentes individuais com alta especificidade molecular e sensibilidade de detecção.Esse tandem técnica pode ser usado para analisar bioquímico, orgânico, e compostos inorgânicos comumente encontrados em amostras complexas de ambiente e origem biológica. Portanto, LC-MS pode ser aplicado em uma ampla gama de setores incluindo biotecnologia , ambiente monitoramento, alimentação em processamento ,e farmacêutico , agroquímico , e Cosmético indústrias. [1][2]

Além dos dispositivos de cromatografia líquida e espectrometria de massa, um LC- EM sistema contém um interface que eficientemente transferências o separado componentes da coluna LC para a fonte de íons MS. [2][3] A interface é necessário porque os dispositivos LC e MS são fundamentalmente incompatíveis. Embora a fase móvel em um sistema LC seja um líquido pressurizado, os analisadores MSnormalmente operam sob vácuo (cerca de 10^{-6} torr). Assim, não é possível bombear diretamente o eluato da coluna LC para a fonte MS. No geral, o interface é uma parte mecanicamente simples do sistema LC-MS que transfere o quantidade máxima de analito, remove uma porção significativa da fase móvel usado em LC e preserva a identidade química dos produtos cromatográficos (Quimicamente inerte). Como requisito, a interface não deve interferir no eficiência ionizante e condições de vácuo do sistema MS. [2] Hoje em dia, a maioria extensivamente aplicado LC-MS interfaces são baseado sobre atmosférico pressão ionizacao (API) estratégias como eletrospray ionizacao (ESI), atmosférico pressão químico ionizacao (APCI), e atmosférico pressão foto- ionização (APPI). Essas interfaces tornaram-se disponíveis na década de 1990 após dois década longo pesquisar e processo de desenvolvimento

3.8 Líquido cromatografia

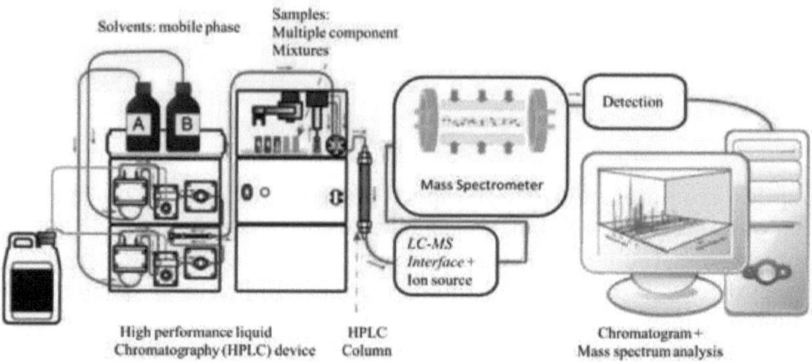

A cromatografia líquida é um método de separação física no qual o componentes de uma mistura líquida são distribuídos entre duas fases imiscíveis, ou seja, estacionário e móvel. O prática de LC pode ser dividido em cinco categorias, ou seja, adsorção cromatografia , partição cromatografia , íon-intercâmbio cromatografia , exclusão de tamanho cromatografia , e afinidade cromatografia . Entre estas, a variante mais utilizada é a reversa. Estágio (RP) modo de o partição cromatografia técnica, qual faz usar de uma fase estacionária apolar (hidrofóbica) e uma fase móvel polar. Em aplicações comuns, a fase móvel é uma mistura de água e outros solventes (por exemplo, metanol, isopropanol e acetonitrila) e a matriz estacionáriaé preparado ligando grupos alquil de cadeia longa (por exemplo, n-octadecil ou C_{18}) ao superfície de irregularmente ou formato esférico 5 μm diâmetro sílica partículas. [2]

Na HPLC, normalmente 20 μl da amostra de interesse são injetados no dispositivo móvel fluxo de fase fornecido por uma bomba de alta pressão. A fase móvel contendo os analitos permeiam através do leito da fase estacionária em uma direção definida. O componentes de o mistura são separado dependendo sobre deles químicoafinidade com o móvel e estacionário fases. O separação ocorre depoissorção repetida e dessorção etapas que ocorrem quando o líquido interage com a cama estacionária. [4] O solvente líquido (fase móvel) é entregue sob alta pressão (até 400 bar ou 300.000 torr) em uma coluna empacotada contendo o fase estacionária. A alta pressão é necessária para atingir uma taxa de fluxo constante para experimentos de cromatografia reproduzíveis. Dependendo do particionamento entre o móvel e estacionário fases, o componentes de o amostra fluirá para fora da coluna em momentos diferentes. [7] A coluna é a mais importante componente do sistema LC e é projetado para suportar a alta pressão de o liquido. As colunas LC convencionais têm 100–300 mm de comprimento e diâmetro externo de 6,4 mm (1/4 polegada) e diâmetro interno de 3,0-4,6 mm. Para aplicações envolvendo LC-MS, o comprimento de cromatografia colunas pode ser mais curta (30–50 mm) com partículas de empacotamento de 3-5 µm de diâmetro. Além do convencional modelo, outras colunas LC são de furo estreito, micro furo, micro capilar e Modelos Nano-LC. Estas colunas possuem diâmetros internos menores, permitem uma mais eficiente separação, e lidar líquido fluxos sob 1 ml/ min (o taxa de fluxo convencional). [4] A fim de melhorar a eficiência de separação e pico resolução, ultra desempenho líquido cromatografia (UPLC) pode ser usado em vez de HPLC. Esta variante LC usa colunas embaladas com sílica menor partículas (~1,7 µm diâmetro) e requer mais alto operativo pressões em ofaixa de 310.000 para 775.000 Torr (6000 para 15.000 psi). [2]

3.9 Massa espectrometria

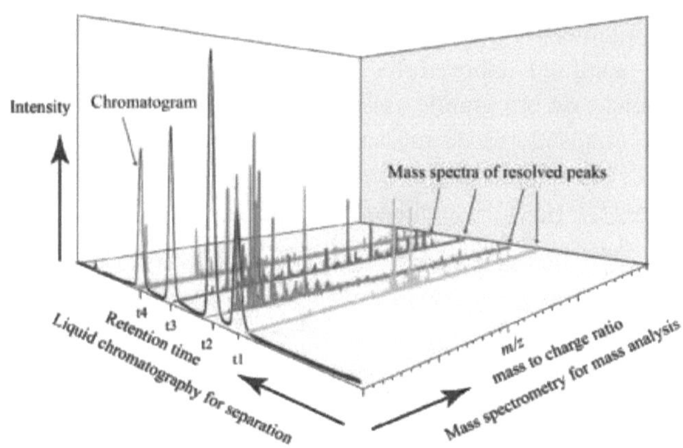

Massa espectrometria (EM) é um analítico técnica que medidas o relação massa-carga (*m/z)* de partículas carregadas (íons). Embora existam muitos diferente tipos de massa espectrômetros, todos de eles fazer usar de elétrico ou campos magnéticos para manipular o movimento de íons produzidos a partir de um analito de interesse e determine seu *m/z.* [8] Os componentes básicos de um espectrômetro de massasão o íon fonte , o massa analisador , o detector, e o dados e sistemas de vácuo. A fonte de íons é onde os componentes de uma amostra introduzidos em um EM sistema são ionizado por significa de elétron feixes , fóton feixes (UV luzes), laser feixes ou descarga corona . No caso da ionização por eletrospray, o íon fonte movimentos íons que existir em líquido solução em o gás Estágio. O fonte de íons converte e fragmenta as moléculas neutras da amostra em fase gasosa íons que são enviados para o analisador de massa. Embora o analisador de massa aplique o elétrico e magnético Campos para organizar o íons por deles massas, o detector mede e amplifica a corrente de íons para calcular as abundâncias de cada íon resolvido em massa. Para gerar um espectro de massa que um olho humano pode reconhecer facilmente, o sistema de dados registra, processa, armazena e exibe dados em a computador. [2]

O espectro de massa pode ser usado para determinar a massa dos analitos, sua composição elementar e isotópica, ou para elucidar a estrutura química do amostra. [2] MS é um experimento que deve ocorrer em fase gasosa e sob vácuo (1,33 * 10 $^{-2}$ para 1,33 * 10 $^{-6}$ Pascal). Portanto, o desenvolvimento de dispositivos facilitando o transição de amostras no mais alto pressão e em fase condensada (sólida ou líquida) em um sistema de vácuo tem sido essencial para desenvolver MS como uma ferramenta potente para identificação e quantificação de orgânicos compostos e peptídeos. [9] EM é agora em muito comum usar em analítico laboratórios que estudam propriedades físicas, químicas ou biológicas de um grande variedade de compostos. Entre os muitos tipos diferentes de analisadores de massa, o aqueles que encontram aplicação em sistemas LC-MS são o quadrupolo , tempo de voo (TOF) , íon armadilhas , e híbrido quadrupolo-TOF (QTOF) analisadores. [3]

3.10 Formulários

O acoplamento de EM com LC sistemas é atraente porque líquido cromatografia pode separado delicado e complexo natural misturas, qual químico composição precisa para ser bem estabelecido (por exemplo, biológico fluidos, amostras ambientais e medicamentos). Hoje em dia, LC-MS tornou-se um dos maioria largamente usado químico análise técnicas porque mais que 85% decompostos químicos naturais são polares e termicamente lábeis e o GC-MS não pode processar essas amostras. Por exemplo, HPLC-MS é considerado o principal analítico técnica para proteômica e farmacêutico laboratórios. [3][2] Outros importantes formulários de LC-MS incluir o análise de alimentos, pesticidas, e plantar fenóis. [4]

- **Farmacocinética**

LC-MS é largamente usado em o campo de bioanálise e é especialmente envolvido em farmacocinética estudos de farmacêuticos. Farmacocinética estudos são necessário para determinar a rapidez com que uma droga será eliminada dos órgãos do corpo e o fluxo sanguíneo hepático. Os analisadores MS são úteis nesses estudos por causa de eles são mais curtos tempo de análise e maior sensibilidade e especificidade comparado para Detectores UV comumente acoplados a sistemas HPLC. Uma grande vantagem é a uso de MS-MS tandem, onde o detector pode ser programado para selecionar determinados íons se fragmentem. A quantidade medida é a soma dos fragmentos da molécula escolhido pela operadora. Contanto que não haja interferências ou supressão de íons, o LC separação pode seja bastante rápido. [18]

- **Proteômica/metabolômica**

LC-MS é usado em proteômica como um método para detectar e identificar os componentes de uma mistura complexa. A proteômica de baixo para cima Abordagem LC-MS geralmente envolve digestão e desnaturação por protease usando tripsina como uma protease, ureia para desnaturar o terciário estrutura, e iodoacetamida para modificar o cisteína resíduos. Após a digestão, LC-MS é usado para. Peptídeo ou LC-MS/MS (tandem MS) é usado para derivar sequências de peptídeos individuais. [19] LC-MS/MS é mais comumente usado para proteômica análise de complexo amostras onde peptídeo massas podem se sobrepor mesmo com espectrometria de massa de alta resolução. Amostras de complexo biológico (por exemplo, humano sérum) poderia ser analisado em moderno LC- Sistemas MS/MS, que podem identificar mais de 1000 proteínas. No entanto, esta alta O nível de identificação da proteína só é possível após a separação da amostra por meio de SDS-PAGE gel ou HPLC-SCX. [18]

LC-MS emergiu como uma das tecnologias mais utilizadas no mundo metabólito perfil de biológico tecido (por exemplo: sangue plasma, sérum, urina). [20] LC-MS é também usado para o análise de natural produtos e o perfil do secundário metabólitos em plantas. [21] Em esse respeito, Baseado em MS sistemas são útil para adquirir mais detalhado Informação sobre o largo espectro de compostos de a complexo biológico amostras. LC-Nuclear magnético ressonância (RMN) é também usado em plantar metabolômica, mas esse a técnica só pode detectar e quantificar os metabólitos mais abundantes.

LC-MS foi útil para avançar o campo de plantar metabolômica, qual mira para estudar o sistema vegetal em nível molecular, fornecendo uma caracterização imparcial de o metaboloma da planta em resposta ao seu ambiente. [22] A primeira aplicação de LC-MS na metabolômica vegetal foi a detecção de uma ampla gama de substâncias altamente polares metabólitos, oligossacarídeos , amino ácidos , amino açúcares , e açúcar nucleotídeos de *Cucurbita maxima* floema tecidos. [23] Outro exemplo de LC-EM em metabolômica vegetal é o eficiente separação e identificaçãode glicose , sacarose , rafinose , estaquiose e verbascose de folha extratos de *Arabidopsis Taliana* . [24]

- **Medicamento desenvolvimento**

LC-MS é freqüentemente usado em medicamento desenvolvimento porque isto permite rápido confirmação de peso molecular e identificação de estrutura. Esses recursos aceleraminiciar o processo de geração, teste e validação de uma descoberta a partir de um vasta gama de produtos com potencial aplicação. Aplicações de LC-MS para medicamentos desenvolvimento são altamente automatizado métodos usado para peptídeo mapeamento, glicoproteína mapeamento, natural produtos desreplicação, biografia afinidade triagem, *em* droga *vivo* triagem, metabólico estabilidade triagem, metabólito identificação, impureza identificação, bioanálise quantitativa , e qualidade ao controle. [25]

3.11 Referências

1 Harwood, Laurence M.; Moody, Christopher J. (1989). Orgânico experimental química: Princípios e Prática (Edição ilustrada). págs. 47–51. ISBN 978-0- 632-02017-1 .

2 ^ Craig, EU. C.; Gregório, JD; Hausmann, W. (1950). "Versátil dispositivo de concentração de laboratório ". Anal. Química. ***22*** *(11): 1462. doi : 10.1021/ac60047a601 .*

3 3 "Página de Antecedentes e Teoria da Ressonância Magnética Nuclear Instalação" . Marca Centro Analítico Wainwright - Universidade do Sul de Gales Sidney. 9 de dezembro de 2011. Arquivado de o original em 27 de janeiro de 2014. Recuperado 9 Fevereiro de 2014.

4 "Irradiância Espectral Solar de Referência: Massa de Ar 1,5" . Arquivado do original sobre 27 Janeiro 2011. Recuperado 12 novembro 2009.

5 ^ Haigh, Joana D. . (2007). "O Sol e o Clima da Terra: Absorção desolar espectral radiação por o atmosfera" . Vivendo Avaliações em Solar

*Física. **4** (2): 2. Código Bib : 2007LRSP....4. .... 2H . doi : 10.12942/lrsp-2007-*
2 . Arquivado de o original sobre 4 de março 2016. Recuperado 12 Julho 2014.

*6 ^ Wacker, Matias; Holick, Michael F. (01/01/2013). "Luz solar e vitaminaD" . Dermatoendocrinologia. **5** (1): 51–108. doi : 10.4161/derm.24494 . ISSN 1938-1972 . PMC 3897598 . PMID 24494042 .*

*7 ^ MA Mestre (2006). "Lentes intraoculares bloqueadoras de luz violeta e azul: fotoproteção versus fotorrecepção " . British Journal of Oftalmologia. **90** (6): 784–792. doi : 10.1136/bjo.2005.086553 . PMC 1860240 . PMID 16714268 .*

8 ^ David Hambling (29 de maio de 2002). "Deixe a luz brilhar" . O Guardião. Arquivado do original em 23 de novembro de 2014. Recuperado 2Janeiro 2015.

9 Arthur Rosinger (Junho 6, 1944). "Magnético Agitador" . Unido Estados PatenteEscritório. Recuperado 16 Fevereiro de 2013.

10 ^ Ir para: *a b c "Barras de agitação" . Universidade do Colorado em Boulder. Recuperado 16Fevereiro 2013.*

11 ^ S. Girolami, Gregório; B. Rauchfuss, Thomas; J. Angelici, Robert (1999-08-01). Síntese e Técnica em Inorgânico Química: A Laboratório Manual (3 edição). Universidade Ciência Livros. pág. 87. ISBN 978-0-935702-48-4 . Recuperado 23/04/2013.

12 R. M. Silverstein, G. C. Bassler e T. C. Morrill, *espectrométrico Identificação de Compostos orgânicos* , 5 ª Ed., Wiley, **1991** .

13 ^ O Teoria de RMN - Mudança química

14 ^ EUA patente 4110681 , Donald C. Hofer; Vicente N. Kahwaty; Carlos R. Kahwaty, "RMN campo frequência trancar sistema", publicado 29/08/1978

15 ^ Balci, M., em "Básico ^{1}H- e ^{13}C -RMN Espectroscopia" (1° Edição, Elsevier), ISBN 978-0444518118 .

*16 ^ Gottlieb ELE; Kotlyar V; Nudelman A (Outubro 1997). "RMN Químico Turnos de Comum Laboratório Solventes como Vestígio Impurezas". J. Organização Química. **62** (21): 7512–7515. doi : 10.1021/jo971176v . PMID 11671879 .*

17 Chaimbault, Patrício (01/01/2014). "O Moderno Arte de Identificação de Natural Substâncias em Todo Plantas". Em Jacó, Noel; Kirsch, Gilberto; Slusarenko, Alan; Winyard, Paul G.; Burkholz, Torsten. Avanços recentes em Plantas Redox Ativas e Produtos Microbianos. Springer Holanda. págs. 31– 94. doi : 10.1007/978-94-017-8953-0_3 . ISBN 9789401789523 .

18 ^ Salte acima para: *a b c d e f g h eu j k Dass, Chhabil (01/01/2007). "Hifenizado Técnicas de Separação". Fundamentos da Espectrometria de Massa Contemporânea. John Wiley&Sons,Inc.pp. 151– 194. doi : 10.1002/9780470118498.ch5 . ISBN 9780470118498 .*

19 ^ Salte acima para: *a b cd e f g h eu j Pitta, James J. (12/03/2017). "Princípios e*

Formulários de Líquido Cromatografia-Massa Espectrometria em Clínico Bioquímica" . *O Clínico Bioquímico Avaliações.* ***30*** *(1): 19–34.* ISSN 0159- 8090 . PMC 2643089 . PMID 19224008 .

20 ^ Salte acima para: a b c d e f g h eu j k eu eu n *Niessen, Wilfried M. A (2006). Líquido Cromatografia-Espectrometria de Massa, Terceira Edição. Boca Raton: CRC Taylor & Francisco. pp. 50–90.* ISBN 9780824740825 . OCLC 232370223 .

21 ^ *James, A. T.; Martinho, A. J. P. (01/03/1952). "Gás-líquido partição cromatografia: a separação e microestimação de ácidos graxos voláteis de fórmico ácido para dodecanóico ácido" . Bioquímico Diário.* ***50*** *(5): 679– 690.* doi : 10.1042/bj0500679 . ISSN 0264-6021 . PMC 1197726 . PMID 14934673 .

22 ^ *Tal'roze, VL; Gorodetskii, IG; Zolotoy, NB; Karpov, GV; Skurat, VE; Maslennikova, V.Ya. (1978). "Sistema capilar para introdução contínua de volátil líquidos em analítico EM e isso é aplicação". Adv. Massa Espectro. 7 : 858.*

23 ^ Ir para: a b c d e *Ardrey, Robert E. (01/01/2003). "Introdução". Líquido Cromatografia – Massa Espectrometria: Um Introdução. Analítico Técnicas em o Ciências (Formigas). John Wiley & Filhos, Ltda. pp. 1– 5.* doi : 10.1002/0470867299.ch1 . ISBN 9780470867297 .

24 ^ *Roberto, Gordon (2013). Enciclopédia de Biofísica - Springer.* doi : 10.1007/978-3-642-16712-6 . ISBN 978-3-642-16711-9 .

25 ^ *Afiado, Thomas R. (01/01/2009). "Espectrometria de massa". Em Nassar, Ala F.; Colegiado, Paul F. Hollenberg; Vice-presidente, JoAnn Scatina. Metabolismo de Drogas Manual. John Wiley & Sons, Inc. 227.* doi : 10.1002/9780470439265.ch8 . ISBN 9780470439265 .

26 ^ *Arpino, Patrício (1992). "Combinado líquido cromatografia massa espectrometria. Papel III. Formulários de termospray". Massa Espectrometria Avaliações.* ***11*** *(1): 3–40.* Bibcode : 1992MSRv...11....3A . doi : 10.1002/mas.1280110103 .

27 ^ *Arpino, Patrício (1989). "Combinado líquido cromatografia massa espectrometria. Parte I. Acoplamento por meio de interface de correia móvel". Massa Revisões de espectrometria.* ***8*** *(1): 35–55.* Bibcode : 1989MSRv....8...35A . doi : 10.1002/mas.1280080103 .

28 ^ *Murray, Sapo K. (1997). "Acoplamento assistido por matriz laser dessorção/ionização para líquido separações". Missa Espectrometria Avaliações.* ***16*** *(5): 283–299.* Bibcode : 1997MSRv...16..283M . doi : 10.1002/(SICI)1098-2787(1997)16:5<283::AID-MAS3>3.0.CO;2-D .

29 ^ *Cappiello, Aquiles; Família, Jorge; Palma, Pierângela; Pierini, Elisabeta; Termopoli, Verônica; Trufelli, Helga (01/12/2008). "Superação Matriz Efeitos em Líquido Cromatografia-Massa Espectrometria". Analítico Química.* ***80*** *(23): 9343–9348.* doi : 10.1021/ac8018312 . ISSN 0003-2700 . PMID 19551950 .

30 ^ *Cappiello, Aquiles; Famiglini, Giorgio; Mangani, Filippo; Palma, Piera*

MIX
Papier aus verantwortungsvollen Quellen
Paper from responsible sources
FSC® C105338

Printed by Books on Demand GmbH, Norderstedt / Germany